特色农产品质量安全管控"一品一策"丛书

天台黄精全产业链质量安全风险管控手册

于国光　林文韬　主编

中国农业出版社

北　京

图书在版编目（CIP）数据

天台黄精全产业链质量安全风险管控手册 / 于国光，林文韬主编. -- 北京 : 中国农业出版社, 2024.11.
ISBN 978-7-109-32581-4

Ⅰ. S567.21-62

中国国家版本馆CIP数据核字第20244FF780号

中国农业出版社出版

地址：北京市朝阳区麦子店街18号楼
邮编：100125
责任编辑：周晓艳　耿韶磊
版式设计：杨　婧　　责任校对：吴丽婷　　责任印制：王　宏
印刷：北京缤索印刷有限公司
版次：2024年11月第1版
印次：2024年11月北京第1次印刷
发行：新华书店北京发行所
开本：787mm×1092mm　1/24
印张：$2\frac{1}{3}$
字数：28千字
定价：29.00元

编 写 人 员

主　　编　于国光　林文韬
副 主 编　许卫剑　郑蔚然　郑海飞
技术指导　杨　华　王　强　褚田芬
参　　编　(按姓氏笔画排序)
　　　　　丁灵伟　丁洁雪　王夏君
　　　　　刘玉红　安雪花　姚国富
　　　　　雷　玲

前　　言

　　黄精为百合科黄精属（*Polygonatum* Mill.）的多年生草本植物，俗称九蒸姜、玉竹黄精、姜形黄精、野山姜等，是珍贵的中药材。黄精味甘性平，具有补中益气、滋阴润肺、强壮筋骨等功效，补性比较滋润、缓和，适合身体虚弱、大病初愈及老年人保健使用。黄精的根状茎可制成药膳、药丸及熬膏后使用，具有较高的药用价值和广阔的市场前景。

　　天台山独特的土壤、水分与气候特点，丰富的黄精种质资源形成了天台黄精独特的品质。此外，天台黄精在延续传统古法蒸晒基础上，不断改革升级，形成了独特的"九蒸九晒"加工工艺。蒸晒出来的黄精九蒸干，黑里透红，油润软糯，味道甘甜，可以直接食用，也可以泡茶、泡酒、炖汤，是黄精中的极品，被称为"中华黄精之最"，被誉为"仙人余粮"，受到养生界和医家的推崇。

　　黄精生产中，要严格做好质量安全管控，以确保黄精的质量安全。如果没有做好质量安全管控，黄精中的农药残留、重金属污染等会给黄精质量安全带来较大的风险隐患。这些风险隐患的主要来源包括：黄精种植过程中农药使用不规范（超范围、超剂量或浓度、超次数使用农药，以及不遵守安全间隔期等）；土壤、肥料、灌溉水和空气中的铅、镉等重金属，以及黄精加工过程中的重金属来源。这些风险隐患，一定程度上制约了黄精产业可持续发展。因此，黄精产业迫切需要先进适用的质量安全生产管控技术。编者根据多年的研究成果和生产实践经验，编写了《天台黄精全产业链质量安全风险管控手册》一书。本手册遵循全程控制的理念，在种苗繁育、基地选择与建设、定植、田间管理（除草、施肥、排灌等）、病虫害防治、采收、加工、产品检测、包装与储运、生产记录与产品追溯等环节提出了控制措施，以更好地推广黄精质量安全生产管控技术，保障黄精质量安全。

　　本手册在编写过程中，吸收了同行专家的研究成果，参考了国内有关文献、标准和书籍，在此一并表示感谢。

　　由于编者水平有限，疏漏与不足之处在所难免，敬请广大读者批评指正。

编　者

2024年6月

目　　录

前言

一、天台黄精生产概况

黄精为百合科黄精属的多年生草本植物，俗称九蒸姜、玉竹黄精、姜形黄精、野山姜等，是珍贵的中药材。黄精味甘性平，具有补中益气、滋阴润肺、强壮筋骨等功效，补性比较滋润、缓和，适合身体虚弱、大病初愈及老年人保健使用。《名医别录》记载黄精能"补中益气，除风湿，安五脏，久服轻身，延年，不饥"。《本草纲目》记载黄精"补诸虚，填精髓"。《神仙芝草经》中记载："黄精可使五脏调和，肌肉充盛，骨髓坚强，其力倍增，多年不老，颜色鲜明，发白更黑，齿落更生。"黄精的根状茎可制成药膳、药丸及熬膏后食用，具有较高的药用价值和广阔的市场前景。

天台以佛宗道源、山水神秀著称，是佛教天台宗发祥地、道教南

宗创立地、《徐霞客游记》开篇地、诗僧寒山隐居地、刘阮桃源遇仙地、王羲之书法悟道地。天台山独特的土壤、水分与气候特点，丰富的黄精种质资源形成了天台黄精独特的品质。此外，天台黄精在延续传统古法蒸晒基础上，不断革新升级，形成了独特的"九蒸九晒"加工工艺。蒸晒出来的黄精九蒸干，黑里透红，油润软糯，味道甘甜，可以直接食用，也可以泡茶、泡酒、炖汤，是黄精中的极品，被称为"中华黄精之最"，被誉为"仙人余粮"，受到养生界和医家的推崇。

药材黄精

黄精九蒸干

二、黄精质量安全风险隐患

风险监测和评估结果表明，黄精中的主要质量安全风险为农药残留和重金属污染。

（一）农药残留

粘虫板、杀虫灯等病虫害绿色防控技术，取得了较大进展；但需要正确使用、长期坚持，才能取得较好的病虫害防治效果。一些黄精生产基地对病虫绿色防控技术重视不够，不能长期坚持使用，或者技术掌握不透彻，不能正确把握使用时机和使用方法，影响了病虫害绿色防控的效果；一旦

出现病虫害，还是依赖化学农药进行防治，还存在超范围、超剂量或浓度、超次数使用农药，以及不遵守安全间隔期等问题，从而导致农药残留风险。

（二）重金属污染

黄精可以吸收土壤、肥料、空气和水中的重金属；如果不严格控制，土壤、肥料（特别是来自规模化养殖的有机肥）可能会含有较多的重金属，从而成为黄精中重金属污染的主要来源。此外，黄精加工过程中使用的机械和器具，也可能成为黄精中重金属污染的重要来源。

三、黄精质量安全关键控制点

为了消除黄精生产过程中的风险隐患，确保黄精的质量安全，遵循全程控制的理念，在种苗繁育、基地选择与建设、定植、田间管理（除草、施肥、排灌等）、病虫害防治、采收、加工、产品检测、包装与储运、生产记录与产品追溯等环节提出了控制措施。在此基础上，提出了健壮栽培、清洁生产和绿色防控等三大理念，也是保证黄精质量安全的重要途径。

1. 健壮栽培——提高黄精抗病虫能力
  - ✓ 基地选择：选择海拔100～1 000m，凉爽湿润的山地。
  - ✓ 种苗选育：繁育和选择优良的黄精种苗。
  - ✓ 平衡施肥：适时、适量施肥。

2. 清洁生产——创造有利于黄精健康生长、不利于病虫害发生的环境，控制农业投入品中的重金属含量，注意采收和加工过程中的清洁生产
  - ✓ 产地环境：产地环境符合国家标准要求，生态环境优良。
  - ✓ 清洁田园：及时清除病枝病叶，减少病虫害发生。
  - ✓ 农业投入品：控制肥料中的重金属含量。

✓ 采收、加工和包装储运：对操作者、器具和材料的卫生要求，可避免微生物和细菌、病菌侵染；对器具和材料中重金属的要求，可避免重金属的迁移污染。

3. 绿色防控——减少化学农药的使用

✓ 优先选用农业防治、物理防治、生物防治等病虫害防控措施。

✓ 选用高效低毒低残留的农药种类，降低黄精中的农药残留风险。

✓ 合理使用化学农药。

- "选对药"。根据黄精病虫害发生种类和情况，选择合适的农药，对症下药。
- "合理用"。把握好农药的使用要点，如最佳的施用时间（病虫害发生前期或初期）、施用方式等；提倡药剂轮换使用，以免病原抗性上升。
- "安全到"。严格把控农药的施药量或施药浓度、施药次数和安全间隔期，确保黄精质量安全。

四、黄精生产十项管理措施

（一）种苗繁育

1. 苗圃选择

宜选择海拔200～800m，排灌方便、土壤肥沃的沙壤土地块。应避免连作，并搭建避雨设施。空气、灌溉水和土壤等环境质量应符合《绿色食品　产地环境质量》（NY/T 391）的规定。

2. 苗床整理

（1）苗床消毒。苗床整理前，每亩*撒施生石灰50～75kg。苗床整理后，喷施噁霉灵、甲基硫菌灵等杀菌剂。

（2）翻耕施基肥。每亩施商品有机肥500～1 000kg、过磷酸钙50kg，深耕翻，整平。

（3）做苗床。床面宽80～100cm，高20cm。四周开好排水沟。

---

* 亩为非法定计量单位。1亩≈667m²。——编者注

3. 繁殖方式

（1）种子繁殖。

①种子。优先采用商品种子，应选择经过审定（认定）的优良品种。如果自留种子，应采取以下步骤：

a. 果实采集。9—10月，选择无病害、健壮植株，采摘个头大、饱满、墨绿或紫黑色的成熟浆果。

b. 果实冷冻。置于−10～0℃环境下，冷冻2～3d，然后解冻。

c. 果实堆沤。地上铺无纺布，上面堆积果实厚15～20cm，覆盖稻草。常温堆沤，隔天翻动，避免发热。

d. 去果皮果肉。待果实软烂后反复搓洗除去果皮果肉，用流水冲洗种子至表面无果肉，阴干后筛净，做好防腐烂处理。

②播种。

a. 种子处理。选择洁净场所，底层铺干净河沙3～4cm，将处理好的种子均匀撒播其中，再铺河沙1～2cm，如此反复，总高度不超过35cm，表层覆盖河沙3～5cm，喷施50%甲基硫菌灵悬浮剂1 500～2 000倍液进行消毒。每隔5～7d检查1次，保持河沙湿润，待种子露白后于3月播种。

b. 播种方法。将种子和细土按照1∶5的比例拌匀，均匀撒播到整好的苗床上，撒一层草木灰，再覆盖1～2cm厚的细土。每亩播种量10～15kg。

c. 覆盖。播种后，可用松针、稻草或谷壳覆盖，覆盖厚度1～2cm为宜。

（2）根茎繁殖。

①根茎选择与处理。选择无病虫害、无损伤的根茎，播种前用32%精甲·噁霉灵1 500～2 000倍液浸15～20min，捞出沥干，每1～2节截成一段，每段带芽头1～2个，宜用草木灰涂切口，忌用灶堂灰涂切口。

②播种。9月下旬至翌年2月播种，行距10～15cm，株距5～8cm，种茎斜放，芽头朝上，覆土5～6cm。然后用稻草、谷壳等覆盖，覆盖厚度2～3cm。

4. 苗期管理

①遮阳。4—9月，用透光率30%～40%的遮阳网搭建遮阳棚，遮阳棚高1.8～2.0m。

②除草。及时人工除草。

③水分管理。应保持土壤湿润，干旱时喷滴灌补水，雨季及时清沟排水。

④追肥。

种子繁育：春季出苗15～20d后，用0.3%尿素水溶液泼施。6月和9月，每亩施复合水溶肥10～15kg，水溶后泼施。

根茎繁育：4月、6月和9月各追肥1次，每亩撒施复合肥20～25kg。

⑤冬季覆盖。冬季应覆盖稻草或谷壳、松针等，厚度1～2cm。

5. 病虫害防治

（1）防治原则。遵循"预防为主、综合防治"的原则，优先采用农业防治、物理防治，科学使用高效低毒、低残留、低风险的化学农药，将有害生物危害控制在允许阈值内。

（2）农业防治。

①选择抗病性好的品种。

②应选择无病虫害、无损伤的种茎。

③多雨季节，注意排水和降低湿度，并增加通风透光。

④及时清理田间病残植株和枯枝落叶。

（3）物理防治。3月下旬至7月，安装黑光灯或放置糖醋药液（糖∶醋∶白酒∶水∶辛硫磷=6∶3∶1∶10∶1）等诱杀小地老虎、蛴螬成虫。

（4）化学防治。农药使用应符合《农药安全使用规范总则》（NY/T 1276）和《中药材生产质量安全管理规范》的规定，并注意不同作用机理的农药轮换使用。主要病虫害化学防治方法参见附录2。

6. 种苗出圃

宜秋季出圃。根茎育苗1～2年，待种茎长出芽头后即可出圃；种子育苗3～4年后根据需要出圃。

（二）基地选择与建设

1. 基地环境

（1）产地环境。宜选择海拔100～1000m，凉爽湿润的山地。生产基地应远离市区、工矿区和交通主干道。空气、灌溉水和土壤等环境质量应符合《绿色食品　产地环境质量》（NY/T 391）的规定。

（2）地块选择。宜选择林下地块，上层林木郁闭度宜调整为0.5～0.6。土层深厚、质地疏松、透水性强的壤土或沙壤土，pH 5.0～7.0。应避免连作。

2. 规划与建设

（1）规划。根据生产需要和地形地貌，合理规划种植区、加工区和服务管理用房、园区道路等。

（2）建设。

①种植区。包括整地，以及田间道路、灌溉排水设施建设等。应根据地形挖好拦水沟和排水沟，并做好清理。如需灌水，宜设置喷灌系统。

②加工区。包括原辅材料仓库、包装材料仓库、成品仓库，

以及分选、加工、灭菌、包装车间等，应符合《食品安全国家标准　食品生产通用卫生规范》（GB 14881）的规定。

③服务管理设施。

a. 储藏设施的建设，应符合《中药材仓储管理规范》（SB/T 11094）的规定。

b. 应设置专门的农业投入品仓库，仓库应清洁、干燥、安全，有相应的标识。不同种类的农业投入品应分区存放；农药应根据不同防治对象分区存放，并清晰标识。危险品应有危险警示标识。

（三）定植

1. 整地

整地前，应先清理林地上的枯枝，除去杂草、灌木、藤本植物等。整地方法如下：

——有水平带的林地。带中间全垦，深翻20 ～ 30cm，泥土耙细。陡坡沿纵向、缓坡在带内侧按水平带方向，开一条20 ～ 30cm宽的排水沟。

——没有水平带的林地。按水平方向整地，每两条种植带之间隔一条生态保护带。种植带宽1.0 ～ 1.2m，全垦20 ～ 30cm，耙细泥土。生态保护带宽1.2 ～ 1.5m，将杂草灌木劈倒覆盖，不整地。毛竹林等林地整地时，种植带和生态保护带宽度，应根据林分自身特点和林地坡度等实际情况做适当优化调整。

2. 施基肥

宜选择腐熟农家肥、商品有机肥等作基肥，应符合《绿色食品　肥料使用准则》（NY/T 394）的规定。每亩施腐熟有机肥1 200 ～ 1 500kg、钙镁磷肥50 ～ 80kg，种植前施于穴底或沟底。

3. 种苗

宜选择种苗繁育基地提供的种子苗。

（1）种子苗。种子苗的质量应符合表1要求。

表1　黄精种苗质量分级

等级	质量要求
优质苗	新鲜，根茎健壮，2节，新芽健壮、1个以上，重量≥50g，无病害，无腐烂
合格苗	新鲜，根茎生长正常，2节，新芽1个，重量20～50g，无病害，无腐烂

（2）根茎苗。选择生长健壮、无病虫害，2节以上具顶芽的根茎作为种茎，用草木灰蘸断口。

4. 定植时间和密度

定植时间以10—12月为宜。种植密度，根据林分结构和郁闭度，种植带每平方米6～11株。

5. 定植方法

采用挖穴移栽或开沟移栽。

（1）挖穴移栽。

①按株行距（25～30）cm×（35～40）cm开穴。穴直径10～15cm、深5～10cm。

②种植前，穴底施基肥，覆土2～3cm。

③种茎种苗芽头朝上放入定植穴中，覆盖细土至看不见芽头。

④浇透水，覆盖2～3cm稻草、谷壳等。

（2）开沟移栽。

①按行距20～30cm开沟，沟深5～10cm。

②种植前，沟底施基肥，覆土2～3cm。

③种茎种苗芽头朝上放入定植沟中，株距15～20cm，覆盖细土至看不见芽头。

④浇透水，覆盖2～3cm稻草、谷壳等。

（四）田间管理

1. 除草

春季齐苗后，及时清除杂草，注意避免伤根和茎秆。梅雨季节后的生长期不宜除草。黄精倒秆后，除草。

2. 施肥

（1）齐苗除草后，追肥1次，每亩施45％三元复合肥（15：15：15）20kg或微生物菌肥100kg（每克含5亿微生物菌）。

（2）11月中下旬施冬肥，每亩施商品有机肥1 200～1 500kg、45％三元复合肥（15：15：15）20～30kg及钙镁磷肥50～80kg。宜将肥料均匀撒施于垄面，顺垄培土。

3. 排灌

雨季及时排涝，忌积水。旱季及时浇水，保持土壤湿润，宜采用喷滴灌。

（五）病虫害防治

1. 防治原则

遵循"预防为主、综合防治"的原则，优先采用农业防治、物理防治，科学使用高效低毒、低残留、低风险的化学农药，将有害生物危害控制在允许阈值内。

2. 农业防治

（1）选择抗病性好的品种。

（2）根茎繁殖，应选择无病虫害、无损伤的根茎。

（3）多雨季节，注意排水和降低湿度，并适当增加通风透光。

（4）及时清理田间病残植株和枯枝落叶。

3. 物理防治

3月下旬至7月，安装黑光灯或放置糖醋药液（糖：醋：白酒：水：辛硫磷=6：3：1：10：1）等诱杀小地老虎、蛴螬成虫。

4. 化学防治

农药使用应符合NY/T 393、NY/T 1276和《中药材生产质量安全管理规范》的规定，并注意不同作用机理的农药轮换使用。主要病虫害化学防治方法参见附录2。

（六）采收

1. 采收时间

栽培4～5年后采挖为宜。最佳采收时间为9—12月，应选择无雨、无霜冻的晴天采挖。

2. 采收方法

挖起整株根茎，抖掉泥土、去掉枝叶，剔除腐烂及病虫害危

害的根茎，并尽快送至加工场进行加工。

（七）加工

1.加工条件

（1）场地要求。

①选址、环境条件、建筑、加工用水、卫生设施等应符合

《食品安全国家标准 食品生产通用卫生规范》（GB 14881）的相关规定。

②具备原辅材料仓库、包装材料仓库、成品仓库，以及分选、加工、灭菌、包装车间等，应满足工艺要求。

（2）设备要求。

①具有原料清洗及晾晒、蒸煮、烘干、分拣、包装等设备设施。

②加工设备应符合食品卫生要求，宜用不锈钢或竹木等材料制成。

③加工设备应定期进行清洁和保养，器具应清洗干净。

（3）人员要求。

①生产操作人员上岗前应经过培训，掌握加工技术和操作技能。

②生产操作人员应保持个人卫生，进入工作场所应洗手、更衣、换鞋、戴帽。离开车间时应换下工作服、帽和鞋，存放在更衣室内。不应在加工、包装场所吸烟及随地吐痰，不应在加工和包装场所用餐。

③包装人员应在更衣室更衣、换鞋，戴好口罩和工作帽，双手洗净烘干戴上手套，进入成品包装车间。

2. 加工工艺

（1）药材黄精。

①清洗。用加压流水冲洗去除原料表面的泥块、杂质等。

②晾晒去须根。平摊晾晒至根茎软化、含水量低于60%，反复揉搓至根须脱落，并剔除腐烂、霉变及病虫危害的根茎。如需多日晾晒，晚上应用草毡、竹席等遮盖好，并注意避开雨雪天。

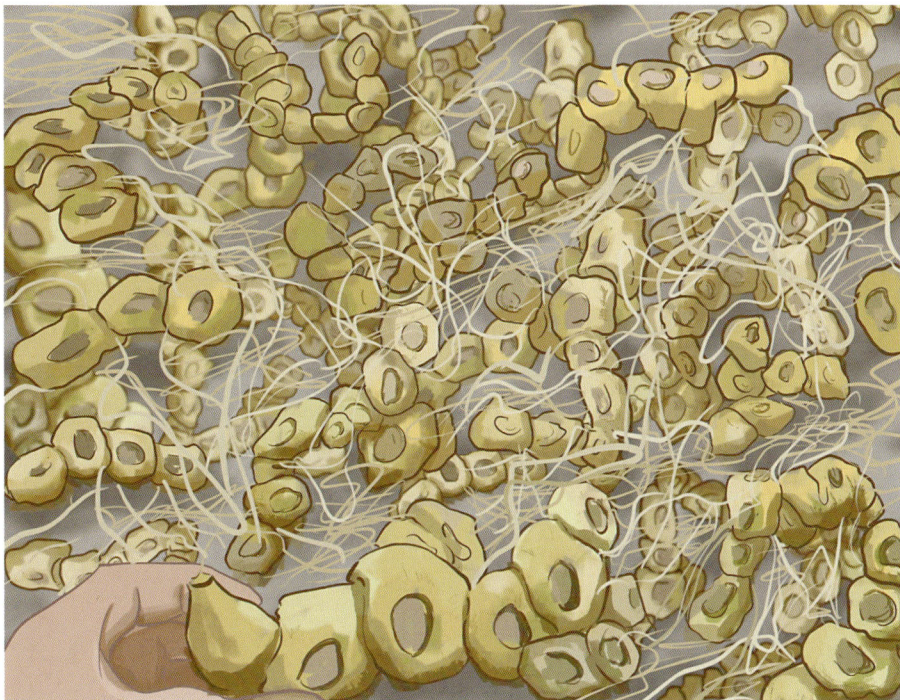

③挑选分级。根据黄精的根茎直径分为大、中、小三级（表2）。

表2　黄精等级要求

黄精	根茎直径（cm）		
	Ⅰ级(大)	Ⅱ级（中）	Ⅲ级（小）
	＞2.0	1.2～2.0	0.6～＜1.2

④蒸。将晾晒后的根茎置于竹制或木制蒸笼内，蒸1～1.5h至油润透心。

⑤干燥。自然晾干或50～60℃烘干至含水量小于18%。

（2）黄精九蒸干。

①清洗、晾晒去根须、挑选分级。处理方式同药材。

②剪段或切块。特别长或特别大的根茎，按表1的等级要求剪段或切块。

③蒸和晒。

a. 蒸。将分类分级的黄精根茎放入竹制或木制的蒸笼里，隔水蒸，以Ⅱ级（中）长梗黄精为例，每次蒸约3 h，蒸至黄精根茎熟透无硬心。Ⅰ级(大)、Ⅲ级（小）可适当延长或缩短蒸的时间。多花黄精在同等级情况下，蒸的时间应缩短1/4 ～ 1/3。

b. 晒。将根茎倒在竹簟上摊成薄层，宜放在室外或玻璃房内的竹（木）架上晾晒，时间根据根茎大小、阳光强弱而定，晒至约六成干。如遇雨天，可50 ～ 60℃烘干。

c. 9次蒸晒。以上的蒸晒步骤重复9次，最后一次晒至含水量30% ~ 35%。

一蒸　二蒸　三蒸　四蒸　五蒸

六蒸　七蒸　八蒸　九蒸九晒

（八）产品检测

产品应进行检测，达到相关要求后方可上市销售。检测报告至少保存两年。产品的质量要求如下：

1. 感官指标

（1）药材黄精。

①无霉变、无劣变、无污染、无异味。

②表面灰黄色或黄褐色，数个块状结节相连，结节上侧有突出的圆盘状茎痕。

（2）黄精九蒸干。

①无霉变、无劣变、无污染、无异味。

②内棕外黑，口感无生味、绵柔、香糯、入口甘甜、回味微苦。

2. 理化指标

应符合表3规定。

表3　理化指标

项目	限量		检测方法
	药材黄精	黄精九蒸干	
水分（%）	≤18.0	30～35	《中华人民共和国药典》通则0832第四法
总灰分（%）	≤4.0	≤3.0	《中华人民共和国药典》通则2302
醇溶性浸出物（%）	≥45.0	≥55.0	《中华人民共和国药典》通则2201
黄精多糖（%）	≥7.0	≥5.0	《中华人民共和国药典》一部 黄精规定的方法

3. 安全指标

（1）重金属限量应符合《中华人民共和国药典》的规定。

（2）农药残留限量应符合《食品安全国家标准　食品中农药最大残留限量》（GB 2763）的规定。

（3）黄曲霉毒素限量应符合《食品安全国家标准　食品中真菌毒素限量》（GB 2761）的规定。

（九）包装与储运

1. 包装

（1）药材黄精。应符合《中药材包装技术规范》（SB/T 11182）的规定。

（2）黄精九蒸干。

①同一包装内的产品应为同一等级，不允许混级包装。

②包装材料应清洁、干燥、无破损，并符合《食品安全国家标准　食品接触用塑料材料及制品》（GB 4806.7）、《食品安全国家标准　食品接触用纸和纸板材料及制品》（GB 4806.8）的相关规定。

2. 标志、标签

外包装上的标志应按照《包装储运图示标志》（GB/T 191）的规定执行。标签应符合《食品安全国家标准　预包装食品标签通则》（GB 7718）的规定，标明品名、规格、产地、批号、包装日期、生产单位等。

3. 储存

（1）应置于阴凉干燥避光处常温储存，相对湿度≤70%。有条件的可放入0～4℃的冷库储存。

（2）应避免与有毒、有害及挥发有异味的物质混放，并注意防虫、防鼠。

（3）成品应存放在货架上，与墙壁保持不少于0.5m距离，防止虫蛀、霉变、腐烂等发生，并定期检查。

4. 运输

不应与其他有毒、有害、易串味物质混装。运输容器应具有较好的通气性，并应有防潮措施。

（十）生产记录与产品追溯

1. 生产记录

（1）详细记录主要农事活动，特别是农药和肥料的购买和使用情况（如名称、购买日期和购买地点、使用日期、使用量、使用方法、使用人员等），以及种苗来源等。

（2）详细记录黄精的加工时间、地点和加工过程等。

（3）应记录上市黄精的销售日期、品种、数量和销售对象及其联系电话等。

（4）禁止伪造生产记录，以便实现黄精的可溯源。

2. 产品追溯

鼓励应用网络技术，建立黄精追溯信息体系，将黄精生产、加工、流通、销售等各节点信息互联互通，实现黄精产品从生产到消费的全程质量管控。

五、黄精生产投入品管理

（一）农资采购

农资采购要做到以下几点。

要到经营证照齐全、经营信誉良好的合法农资商店购买。不要从流动商贩或无证经营的农资商店购买。

　　要认真查看产品包装和标签标识上的农药名称、有效成分及含量、农药登记证号、农药生产许可证号或农药生产批准文件号、产品标准号、企业名称及联系方式、生产日期、产品批号、有效期、用途、使用技术和使用方法、毒性等事项，查验产品质量合格证。不要盲目轻信广告宣传和商家的推荐。不要使用过期农药。

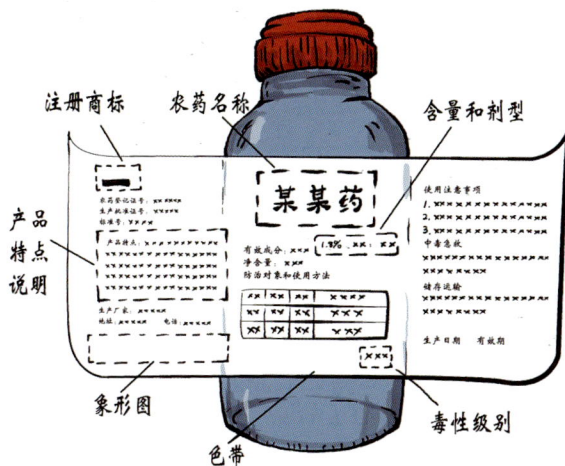

　　要向农资经营者索要销售凭证，并连同产品包装物、标签等妥善保存好，以备出现质量等问题时作为索赔依据。不要接受未注明品种、名称、数量、价格及销售者的字据或收条。

（二）农资存放

应设置专门的农业投入品仓库，仓库应清洁、干燥、安全，有相应的标识，并配备通风、防潮、防火、防爆等设施。不同种类的农业投入品应分区存放；农药可以根据不同防治对象分区存放，并清晰标识，避免错拿。危险品应有危险警告标识，有专人管理，并有进出库领取记录。

（三）农资使用

为保障操作者身体安全，特别是预防农药中毒，操作者作业时须穿戴保护装备，如帽子、保护眼罩、口罩、手套、防护服等。

身体不舒服时，不宜喷洒农药。

喷洒农药后，出现呼吸困难、呕吐、抽搐等症状时，应及时就医，并准确告诉医生喷洒农药的名称及种类。

（四）废弃物处置

　　农业废弃物，特别是农药使用后的包装物（空农药瓶、农药袋子等），以及剩余药液或过期的药液，应妥善收集和处理，不得随意丢弃。

六、产品认证

　　黄精生产企业应积极开展绿色食品和农产品地理标志产品认证，实施品牌化经营管理。

　　绿色食品

　　绿色食品，是指产自优良生态环境、按照绿色食品标准生产、实行全程质量控制并获得绿色食品标志使用权的安全、优质食用农产品及相关产品。

农产品地理标志

农产品地理标志，是指标示农产品来源于特定地域，产品品质和相关特征主要取决于自然生态环境和历史人文因素，并以地域名称冠名的特有农产品标志。

附　　录

附录1　农药基本知识

农药分类

杀　虫　剂	杀　菌　剂
主要用来防治农、林、卫生、储粮等方面的害虫	对植物体内的真菌、细菌或病毒等具有杀灭或抑制作用，用以预防或治疗作物的各种病害的药剂，称为杀菌剂

除 草 剂

　　用来杀灭或控制杂草生长的农药，称为除草剂，也称除莠剂

植物生长调节剂

　　指人工合成或天然的具有天然植物激素活性的物质

农药毒性标识

农药毒性分为剧毒、高毒、中等毒、低毒、微毒5个级别。

剧 毒

高 毒

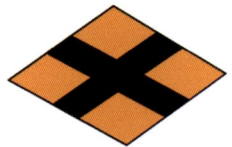

中 等 毒

象形图

象形图应当根据产品实际使用的操作要求和顺序排列，包括储存象形图、操作象形图、忠告象形图、警告象形图。

储存象形图	放在儿童接触不到的地方，并加锁		
操作象形图	配制液体农药时	配制固体农药时	喷药时
忠告象形图	戴手套	戴防护罩	戴防毒面具
	用药后需清洗	戴口罩	穿胶靴
警告象形图	危险/对家畜有害		危险/对鱼有害，不要污染湖泊、池塘和小溪

附录2　黄精主要病虫害化学防治方法

黄精主要病虫害化学防治方法见附表2-1。

附表2-1　黄精主要病虫害化学防治方法

病虫害种类	防治方法
叶斑病、黑斑病	发病初期,25%吡唑醚菌酯悬浮剂1 000～1 500倍液或1∶1∶100波尔多液,喷雾2～3次
炭疽病	发病初期,25%吡唑醚菌酯悬浮剂1 000～1 500倍液或40%苯醚甲环唑悬浮剂1 500～2 000倍液,喷雾2～3次
灰霉病	发病初期,40%嘧霉胺悬浮剂1 000～1 500倍液或50%啶酰菌胺悬浮剂1 200～1 500倍液,喷雾2～3次
疫病	发病初期,24%霜脲·氰霜唑悬浮剂1 000～2 000倍液,喷雾2～3次
根腐病、立枯病	(1) 32%精甲·噁霉灵1 500～2 000倍液浸种 (2) 发病初期,40%异菌·氟啶胺悬浮剂1 000～1 500倍液,喷淋植株2～3次
蛴螬、地老虎	25%辛硫磷乳油1 000～1 500倍液喷洒地面
红头芫菁	25%噻虫嗪水分散粒剂1 000～1 500倍液喷施